Sitzungsberichte der Heidelberger Akademie der Wissenschaften

Stiftung Heinrich Lanz

Mathematisch-naturwissenschaftliche Klasse

*) *Jahrgang 1921 erschien im Verlage von Carl Winters Universitätsbuchhandlung in Heidelberg.*

Im Verlag von Walter de Gruyter & Co. vormals G. J. Göschen'sche Verlagshandlung — J. Guttentag, Verlagsbuchhandlung — Georg Reimer — Karl J. Trübner — Veit & Comp., Berlin, erschienen:

Abteilung A. Mathematisch-physikalische Wissenschaften.

Jahrg. 1922: 3 Hefte. — Jahrg. 1923: 5 Hefte. — Jahrg. 1924: 11 Hefte.

Abteilung B. Biologische Wissenschaften.

Jahrgang 1923: 1 Heft.

Von Jahrgang 1925 ab findet die Trennung in Abteilung A und B nicht mehr statt.

Vom Jahrgang 1925 sind 15 Hefte, vom Jahrgang 1926 13 Hefte erschienen. Verzeichnisse auf Wunsch.

Jahrgang 1927. 1. Loewy, Alfred. Neue elementare Begründung und Erweiterung der Galoisschen Theorie. Reichsmark 1.60
2. Liebmann, Heinrich. Rhombische Geradennetze im Raum. Reichsmark 1.—
3. Volk, Otto. Über geodätische Dreiecknetze auf Flächen konstanten Krümmungsmaßes. Reichsmark 1.80
4. Pütter. A. Chemische Reizwirkung und Giftwirkung. Mit einem mathematischen Anhang: Ein Diffusionsproblem von E. Trefftz. Reichsmark 2.40
5. Rembs, Eduard. Die Verbiegung des verlängerten Rotationsellipsoids. Reichsmark 1.60
6. Mayer, Adolf. Naturwissenschaftliche Ästhetik. Reichsmark 0.90
7. Mayer, Adolf. Naturwissenschaftliche Volkswirtschaftslehre. Reichsm. 0.80
8. Baer, R., Kapferer, H., Krull, W., Schmidt, F. K. Beiträge zur Algebra. Nr. 5—10. Reichsmark 6.20
9. Müller, Max. Über die Eindeutigkeit der Integrale eines Systems gewöhnlicher Differentialgleichungen und die Konvergenz einer Gattung von Verfahren zur Approximation dieser Integrale. Reichsmark 2.50
10. Freudenberg, Karl. Intramolekulare Umlagerung optisch-aktiver Systeme. Reichsmark 1.—
11. Roeser, Ernst. Abbildung der hyperbolischen Ebene auf die Kugel mittels der Beziehung zwischen Lot und Parallelwinkel. Reichsmark 1.—
12. Rüger, L. Die direkte gebirgsgetreue Übertragung der auf dem Universaldrehtisch gewonnenen Messungsergebnisse gebirgsorientierter Schliffe in das Diagramm. Reichsmark 1.20
13. Jost, L. Elektrische Potentialdifferenzen an der Einzelzelle. Reichsmark 1.90

Jahrgang 1928. 1. Rüger, L. Einige Bemerkungen zur Darstellung tektonischer Elemente, insbesondere von Klüften und Harnischen. Reichsm. 1.20
2. Herbst, Curt. Untersuchungen zur Bestimmung des Geschlechts. Ein neuer Weg zur Lösung des Geschlechtsbestimmungsproblems bei Bonellia viridis. Reichsmark 1.50
3. Merton, Hugo. Untersuchungen über die Entstehung amöbenähnlicher Zellen aus absterbenden Infusorien. Reichsmark 2.20
4. Baer, Reinhold. Zur Einordnung der Theorie der Mischgruppen in die Gruppentheorie. Reichsmark 2.20

(Fortsetzung siehe 3. Umschlagseite)

*) Bestellungen auf solche Veröffentlichungen der math.-naturw. Klasse, welche früher im Verlag von Carl Winters Universitätsbuchhandlung in Heidelberg erschienen sind, nimmt auch der Verlag Walter de Gruyter & Co., Berlin, entgegen.

Sitzungsberichte
der Heidelberger Akademie der Wissenschaften
Mathematisch-naturwissenschaftliche Klasse
Jahrgang 1932. 4. Abhandlung

Über die Berechnung von Orthogonen der hyperbolischen Ebene

von

R. Cesarec
Zagreb

Vorgelegt von Heinrich Liebmann in Heidelberg

Sitzung vom 19. Februar 1932

Berlin und Leipzig 1932
Walter de Gruyter & Co.
vormals G. J. Göschen'sche Verlagshandlung / J. Guttentag, Verlagsbuchhandlung / Georg Reimer / Karl J. Trübner / Veit & Comp.

Archiv-Nr. 52 04 32

Druck von Walter de Gruyter & Co., Berlin W 10

1. Neben vielen anderen Eigentümlichkeiten besitzt die hyperbolische Ebene (h. E.) eine besonders interessante: es gibt in ihr Vielecke mit beliebig vielen, insbesondere mit lauter, rechten Winkeln; sie sollen insgesamt **Orthogone** heißen. Aus der Bedingung $\sigma_n \lesseqgtr (n-2) \cdot \pi$, die zwischen der Seitenanzahl n und der Winkelsumme σ_n eines ebenen Vielecks der hyperbolischen, der euklidischen bzw. der elliptischen Ebene besteht, wird durch die Forderung, alle Winkel sollen rechte sein, für n die Bedingung $n \gtreqless 4$ bestimmt. Es gibt also in der h. E., vom Fünfeck an, unendlich viele Orthogone. Diejenige unter ihnen, die nur r $(< n)$ rechte Winkel besitzen, also r-rechtwinklige n-ecke, wollen wir als **Teilorthogone** G_n^r von den eigentlichen Orthogonen oder **Vollorthogonen** G_n^n unterscheiden.

In der vorliegenden Arbeit wird zuerst gezeigt wie man alle Orthogone der h. E. (einschließlich der allgemeinen Polygone G_n^0) systematisch gruppieren kann, wie sich weiter aus den Formeln für das G_n^0 diejenige für gewisse andere G_m^r durch die sog. **Orthogonalisation** ergeben, wie alsdann die Formeln jedes G_n^0 durch die **Polarisation** dualistisch gepaart werden können und endlich, wie man aus den Formeln eines Vollorthogons diejenige aller G_n^r einer gewissen Gattung durch die sog. **Antiorthogonalisation** erhalten kann.

2. Man bekommt eine natürliche **Systematik** aller G_n^r, wenn man sie hinsichtlich der Anzahl $s = 2n - r - 3$ ihrer Bestimmungsstücke ordnet. Dabei muß man aber zwei wesentlich verschiedene Fälle unterscheiden, je nachdem n gerade oder ungerade ist. Die genannte systematische Anordnung wird gegeben durch das knappe Schema:

s	G_n^r
$2k$	$G_{k+2}^1,\ G_{k+3}^3, \ldots, G_{k+i}^{2i-3}, \ldots, G_{2k+3}^{2k+3}$
$2l+1$	$G_{l+2}^0,\ G_{l+3}^2, \ldots, G_{l+i}^{2i-4}, \ldots, G_{2l+3}^{2l+2},\ G_{2l+4}^{2l+4}$

also ausführlich durch die Tafel:

s	k	l	G_n^r
2	1		G_3^1 G_4^3 G_5^5
3		1	G_3^0 G_4^2 G_5^4 G_6^6
4	2		G_4^1 G_5^3 G_6^5 G_7^7
5		2	G_4^0 G_5^2 G_6^4 G_7^6 G_8^8 usw.

In jeder Spalte stehen alle Orthogone mit derselben Seitenanzahl. Je zwei Zeilen $k = l$ stellen eine Schar von Orthogonen dar, die alle aus einem von ihnen als der Grundfigur, in der Regel aus dem G_n^0, durch zweierlei Spezialisierungen ableitbar sind: entweder macht man irgendeinen Winkel zu einem Rechten oder läßt man eine Polygonecke ideal werden. Im ersten Falle wird aus einem G_n^r ein G_n^{r+1}, im zweiten aber ein G_{n+1}^{r+2}, da nun beide Seiten, die vordem in der betreffenden Ecke zusammenliefen, durch Idealisierung hyperparallel werden, so daß ihr gemeinsames Lot als eine neue Polygonseite auftritt, zwei neue (rechte) Polygonwinkel mitbringend. Wir wollen diese beiden Operationen als Orthogonalisation 1. bzw. 2. Art bezeichnen.

Im allgemeinen kann man sagen, daß aus einem G_n^r unserer Tafel alle Vielecke ableitbar sind, die von jenem nach rechts oder nach oben oder nach diesen beiden Richtungen zugleich liegen. Eine Ausnahme von dieser Regel bilden gewisse Orthogone G_n^r, für die $1 < r < n-1$, d. h. $n - r > 1$, ist und in denen die rechten Winkel in einer gewissen ungünstigen Anordnung vorliegen. Es kann so z. B. das G_4^2 mit zwei gegenüberliegenden rechten Winkeln durch keine Orthogonalisation 1. oder 2. Art aus dem G_3^0, sondern erst etwa aus dem G_4^1 erhalten werden. Eine andere Ausnahme betrifft die analytische Orthogonalisation in der ersten Schar ($k = l = 1$): da ist nicht das G_3^0 sondern das G_3^1 die Grundfigur, da die Natur der h. E. eine naturgemäße Entwicklung der Formeln zuerst für das G_3^1 sodann für das G_3^0 gestattet.

3. Um nun an einigen Beispielen zeigen zu können, wie man aus den Formeln für das G_n^0 diejenigen für gewisse andere Vielecke ableitet, müssen wir zunächst wissen, wie die Orthogonalisation 2. Art analytisch ausgeführt wird.

Wird eine Polygonecke ideal, so kommt der Winkelmaßzahl an dieser Ecke ein imaginärer Wert zu und ebenso den Maßzahlen beider anliegenden Seiten. Als reelle Vertreter dieser imaginären

Größen treten auf: für den Winkel das gemeinsame Lot der genannten — nun hyperparallelen — Seiten, für die Seiten aber die Abschnitte, gerechnet von beiden anliegenden Ecken bis zu bezüglichen Fußpunkten jenes gemeinsamen Lotes. Die analytische Beziehung zwischen jenen imaginären Größen und ihren reellen Vertretern könnte man durch Vergleichung der diesbezüglichen Formeln für das G_3^1 und das G_4^3 sehr leicht erhalten, wie dies Herr ROESER tatsächlich ausführte [1]). Indessen genügt dies Verfahren für unsere Zwecke keineswegs. Wir wünschen nämlich die Orthogonalisation 2. Art auf irgendwelche Vielecke (nicht nur auf Dreiecke) anwenden. Es wird also notwendig, die Formeln, die diese Operation analytisch wiedergeben, unabhängig von jeglichem Vieleck herzuleiten, so daß sie dann auf jedes Vieleck anwendbar sein werden.

Zu diesem Zwecke bedienen wir uns eines „kartesischen" Koordinatensystems in der h. E. Seien OX und OY zwei zueinander senkrechte Geraden durch den Anfangspunkt O. Ist dann M irgendein Punkt der Ebene, P und Q seine Projektionen auf der Achse OX bzw. OY, so wird seine Lage bekanntermaßen durch das Zahlenpaar $x = th\, p, y = th\, q$ gegeben, wo p und q die Verhältnisse der Strecken OP und OQ zur absoluten Strecke K der h. E. bedeuten. Die Gleichung der geraden Linie lautet nun [2]): $ux + vy - 1 = 0$, und zwei solche Linien

$$g_1 \equiv u_1 x + v_1 y - 1 = 0, \quad g_2 \equiv u_2 x + v_2 y - 1 = 0$$

schneiden sich, sind zueinander parallel bzw. hyperparallel, je nachdem [3]) $(u_1^2 + v_1^2 - 1) \cdot (u_2^2 + v_2^2 - 1) - (u_1 u_2 + v_1 v_2 - 1)^2 \gtreqless 0$ ist. Im ersten Falle gilt für den Winkel φ der Geraden g_1, g_2 die Formel [4]):

$$(1) \qquad tg\, \varphi = \frac{\sqrt{(u_1^2 + v_1^2 - 1)(u_2^2 + v_2^2 - 1) - (u_1 u_2 + v_1 v_2 - 1)^2}}{u_1 u_2 + v_1 v_2 - 1},$$

im dritten aber für ihr gemeinsames Lot d [5]):

$$th\, d = \frac{\sqrt{(u_1 u_2 + v_1 v_2 - 1)^2 - (u_1^2 + v_1^2 - 1)(u_2^2 + v_2^2 - 1)}}{u_1 u_2 + v_1 v_2 - 1},$$

---

[1]) E. ROESER, Das rechtwinklige Fünfeck der hyperbolischen Ebene und die Engel-Napiersche Regel, Journal f. d. r. u. a. Math., 154, 1925.

[2]) Vgl. C. VÖRÖS, Analitika geometrio absoluta I, Budapest 1911, S. 15.

[3]) Ebenda S. 19.

[4]) Ebenda S. 18.

[5]) Ebenda S. 20.

wo $d = N_1 N_2 : K$ und N_1, N_2 die Fußpunkte von d auf g_1 und g_2 bedeuten (Fig. 1).

Nehmen wir nun an, daß auch zwei hyperparallele gerade Linien einen Winkel einschließen, der allerdings geometrisch ideal

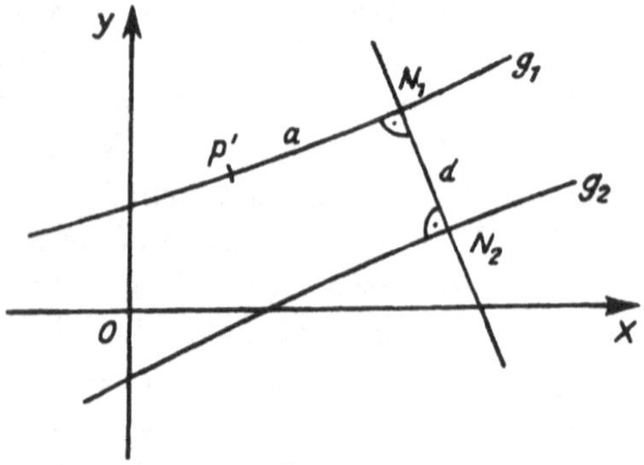

Fig. 1.

und analytisch imaginär ist — er soll mit $\overline{\varphi}$ bezeichnet werden —, so hat man auf Grund der beiden letzten Gleichungen:

(2) $$tg\,\overline{\varphi} = i\,th\,d$$

und daraus sogleich:

(3) $$\sin\overline{\varphi} = i\,sh\,d, \qquad \cos\overline{\varphi} = ch\,d,$$

also:

(4) $$\overline{\varphi} = id.$$

Es sei nun $S(x_0, y_0)$ der Schnittpunkt von g_1 und g_2, $P'(x', y')$ aber irgendein Punkt auf g_1; der Abstand $r = P'S : K$ wird dann gegeben durch die Formel[6]):

(5) $$th\,r = \frac{\sqrt{(1 - x'x_0 - y'y_0)^2 - (1 - x'^2 - y'^2)\,(1 - x_0^2 - y_0^2)}}{1 - x'x_0 - y'y_0}.$$

Werden nun die Geraden g_1, g_2 hyperparallel, der Schnittpunkt S also ideal, so bleiben die Größen x_0, y_0 reell (als Lösung zweier linearen Gleichungen), nur daß jetzt $x_0^2 + y_0^2 > 1$, der Abstand r also imaginär wird. Als solcher soll er mit $\overline{r}$ bezeichnet werden. Um ihn reell beschreiben zu können, machen wir von der Entfernung $a = P'N_1 : K$ Gebrauch, die nun gewiß reell ist. Man braucht nur noch die Koordinaten x_1, y_1 von N_1 um sie in die Formel für $th\,a$ einzusetzen. Beachtet man einerseits, daß die Gleichung

---

[6]) Ebenda S. 11.

von $N_1 N_2$ $u_0 x + v_0 y - 1 = 0$ ist, und bedient man sich andererseits der Inzidenzbedingung $u_1 x' + v_1 y' - 1 = 0$, so erhält man endlich:

$$th\, a = \frac{1 - x'x_0 - y'y_0}{\sqrt{(1 - x'x_0 - y'y_0)^2 - (1 - x'^2 - y'^2)(1 - x_0^2 - y_0^2)}}.$$

Durch den Vergleich mit der Formel (5), die jetzt für $\bar{r}$ statt für r geschrieben werden muß, kommt endlich die gesuchte Beziehung

$$(6) \qquad th\, \bar{r} = cth\, a$$

hervor, woraus weiter:

$$(7) \qquad sh\, \bar{r} = \frac{1}{i}\, cha, \quad ch\, \bar{r} = \frac{1}{i}\, sha$$

folgt, also für die Argumente selbst:

$$(8) \qquad \bar{r} = a - \frac{i\pi}{2}.$$

Die Gleichungen (2) und (3) wie auch (6) und (7) findet man in der oben erwähnten Arbeit des Herrn Roeser, entwickelt für einen speziellen Fall; unser Verfahren gilt dagegen ganz allgemein. Herr Roeser hat aber in einer neueren Abhandlung [7]) eine Veranschaulichung der beiden Formeln (4) und (8) gegeben, durch die der innere, geometrische, Zusammenhang der betreffenden Größen aufgedeckt wird.

4. Nach diesen Vorbereitungen wollen wir nun zeigen, wie man die gefundenen Beziehungen, die die Orthogonalisation 2. Art analytisch darstellen, für die Ableitung von Vielecksformeln verwenden kann.

Zunächst eine allgemeine Bemerkung. Die Seiten und Winkel werden in den Formeln nicht als solche auftreten, sondern nur als Argumente gewisser Funktionen (hyperbolischer für die Seiten, zirkularer für die Winkel). Im folgenden werden wir uns auf die Formeln beschränken, in die diese Funktionen rational eingehen, und zwar soll die Anzahl der vorkommenden Polygonstücke $s + 1$ sein, wo s wie bisher die Anzahl der Bestimmungsstücke des betreffenden Vielecks bedeutet.

Die Formeln für die Vielecke der ersten Schar ($k = l = 1$) und ihre gegenseitigen Beziehungen sind teils schon längst bekannt, teils durch Herrn Roesers Arbeit über die komplementären Figuren

---

[7]) Vgl. E. Roeser, Polare Figuren in der hyperbolischen Ebene, Jahresber. der deutschen Math.-Ver., 40, 1931.

der nichteuklidischen Ebene [8]) bekannt geworden. Wir werden deshalb die Ableitung neuer Formeln an einem Beispiele aus der zweiten Schar, etwa an jenem des Überganges $G_4^0 \to G_5^2$, erläutern. Die Grundfigur G_4^0 dieser Schar besitzt $s = 5$ Bestimmungsstücke, es werden also alle Gleichungen zwischen 6 von 8 überhaupt vorkommenden Stücken in Betracht kommen. Von den erwähnten 6 Stücken können es 4 Seiten und 2 Winkel, oder 3 Seiten und 3 Winkel, oder endlich 2 Seiten und 4 Winkel sein. Diese Einteilung kann noch verfeinert werden durch Beachtung der gegenseitigen Lage jener 3 bzw. 2 Seiten oder Winkel. Durch geeignete Zerlegung in Dreiecke und Anwendung der dazu nötigen Formeln für das G_3^0 und G_3^1 erhält man so die Formeln für das G_4^0 in folgender Gestalt (die Bedeutung der Größen ist aus der Fig. 2 ersichtlich):

$$
(9)\left\{
\begin{aligned}
& ch\,a\,ch\,b - sh\,a\,sh\,b \cos\varkappa = ch\,c\,ch\,d - sh\,c\,sh\,d\cos\mu,\\
& ch\,d = (ch\,a\,ch\,c + sh\,a\,sh\,c\cos\varkappa\cos\lambda)ch\,b -\\
& \quad - (sh\,a\,ch\,c\cos\varkappa + ch\,a\,sh\,c\cos\lambda)sh\,b - sh\,a\,sh\,c\sin\varkappa\sin\lambda,\\
& [(cth\,a\,sh\,b - ch\,b\cos\varkappa)\sin\lambda - \sin\varkappa\cos\lambda]\operatorname{cotg}\mu =\\
& = (ch\,b\,sh\,c - sh\,b\,ch\,c\cos\lambda)cth\,a - (sh\,b\,sh\,c - ch\,b\,ch\,c\cos\lambda)\cos\varkappa\\
& \qquad - ch\,c\sin\varkappa\sin\lambda,\\
& sh\,c\sin\mu = (sh\,a\,ch\,b - ch\,a\,sh\,b\cos\varkappa)\sin\nu - sh\,b\sin\varkappa\cos\nu,\\
& -\cos\varkappa\cos\lambda + \sin\varkappa\sin\lambda\,ch\,b = -\cos\mu\cos\nu + \sin\mu\sin\nu\,ch\,d,\\
& \cos\mu = (\cos\lambda\cos\nu - \sin\lambda\sin\nu\,ch\,a\,ch\,b)\cos\varkappa -\\
& - (\cos\lambda\sin\nu\,ch\,a + \sin\lambda\cos\nu\,ch\,b)\sin\varkappa + \sin\lambda\sin\nu\,sh\,a\,sh\,b.
\end{aligned}
\right.
$$

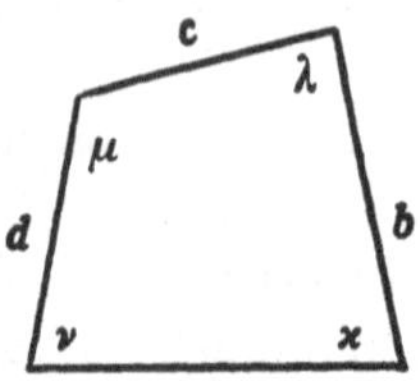

Fig. 2.

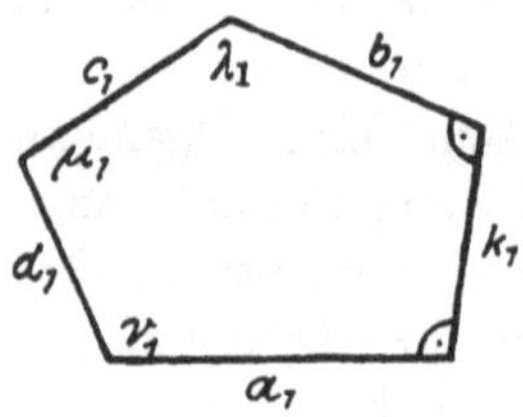

Fig. 3.

Das G_5^2 wird aus dem G_4^0 gewonnen, wenn man z. B. den Winkel $\varkappa$ in zweiter Art orthogonalisiert; diese Operation wird nach (4) und (8) durch die Substitution (s. Fig. 3):

$$c = c_1, \quad d = d_1; \quad \lambda = \lambda_1, \quad \mu = \mu_1, \quad \nu = \nu_1;$$

[8]) Sitz.-Ber. der Heidelberger Akad. der Wiss., math.-nat. Klasse, 1925, Nr. 2.

$$(10)\quad \begin{cases} \sin\varkappa = i\,sh k_1, \\ \cos\varkappa = ch k_1, \\ \operatorname{tg}\varkappa = i\,th k_1; \end{cases} \qquad \begin{cases} sh a = \frac{1}{i}\, ch a_1, \\ ch a = \frac{1}{i}\, sh a_1, \\ th a = \quad cth a_1, \end{cases} \qquad \begin{cases} sh b = \frac{1}{i}\, ch b_1, \\ ch b = \frac{1}{i}\, sh b_1, \\ th b = \quad cth b_1 \end{cases}$$

dargestellt. An die vierte Formel (9) auf alle möglichen Weisen angewandt liefert sie für unseres G_5^2 folgende Formeln:

$$\begin{cases} sh c_1 \sin\mu_1 = -(ch a_1\, sh b_1 - sh a_1\, ch b_1\, ch k_1) \sin\nu_1 - \cos\nu_1\, ch b_1\, sh k_1, \\ ch a_1 \; sh k_1 = \quad (sh c_1\, ch d_1 - ch c_1\, sh d_1 \cos\mu_1) \sin\lambda_1 - \cos\lambda_1\, sh d_1 \sin\mu_1, \\ sh d_1 \sin\nu_1 = \quad (ch b_1\, ch c_1 - sh b_1\, sh c_1 \cos\lambda_1) \; sh k_1 - ch k_1\, sh c_1 \sin\lambda_1, \\ ch b_1 \sin\lambda_1 = \quad (sh d_1\, sh a_1 - ch d_1\, ch a_1 \cos\nu_1) \sin\mu_1 - \cos\mu_1\, ch a_1 \sin\nu_1. \end{cases}$$

Es werden so aus (9) im ganzen 16 verschiedene Formeln für das G_5^2 erhalten. An dieser Stelle machen wir wiederum darauf aufmerksam, daß es noch einen anderen Typus von G_5^2 gibt, bei dem nämlich die rechten Winkel getrennt liegen und der erst aus dem G_6^0 abgeleitet werden kann.

Durch Substitutionen, die analog (10) gebaut sind, kann man die Formeln für ein G_6^4, daraus diejenigen für das G_7^6 und endlich diejenigen für das G_8^8 ableiten. Man könnte sogar aus den Formeln für das G_4^0 diejenigen für das G_6^4 oder G_7^6 oder G_8^8 direkt erhalten durch Zusammensetzung der betreffenden Substitutionen.

Es wird danach klar, wie die Vielecke auch jeder der folgenden Scharen $k = l$ zu behandeln sind: Man stellt die Formeln der Grundfigur G_n^0 auf und orthogonalisiert sie in 1. Art um diejenigen für das G_n^1 zu erhalten; darauf leitet man die Formeln für zwei Orthogonreihen durch Anwendung von lauter Orthogonalisationen 2. Art ab, die eine Reihe mit G_n^0, die andere mit G_n^1 beginnend; zur Kontrolle bringt man endlich beide Reihen in gegenseitige Beziehungen und stellt den Anschluß an die vorhergehende Schar her.

5. Es sollen nun einige Bemerkungen über die Formeln einer Grundfigur folgen. Da führen wir zuerst, und zwar ohne Beweis an, daß es $\frac{3n}{2}$ bzw. $\frac{3n-1}{2}$ voneinander verschiedene Formeln für das G_n^0 gibt, je nachdem n gerade oder ungerade ist. Das einzusehen, fällt nicht schwer und ist eigentlich eine Aufgabe der elementaren Kombinatorik. Der Ausdruck für die entsprechende Zahl im Falle eines $G_n^r (r \neq 0)$ wird schon komplizierter ausfallen, ist jedoch wiederum allein mit den Mitteln der Kombinatorik zu gewinnen. Man muß da vor allem drei Fälle unterscheiden, je nachdem $r \lesseqgtr n-2$

ist, da man so einzelne Möglichkeiten der Seiten- bzw. Winkelanzahl besser überschauen kann. Wir wollen die Formelanzahl nur für einige besonders einfache hierher gehörige Fälle anführen, und zwar für diejenige, wo in der Formel lauter Seiten vorkommen. So gibt es im Falle $r = n - 2$ immer eine einzige solche Formel, im Falle $r = n - 1$ gibt es deren $\frac{n}{2}$ für gerades n bzw. $\frac{n+1}{2}$ für ungerades, während der Fall $r = n$, d. h. der der Vollorthogone, $\frac{n}{2}$ bzw. $\frac{n-1}{2}$ Formeln aufweist; im letzten Falle gibt es überhaupt keine weiteren Formeln.

Mit der Frage nach der Anzahl aller hängt diejenige nach der Anzahl voneinander unabhängiger Formeln eines G_n^r. Doch soll dies nur erwähnt bleiben.

Wir wollen vielmehr das Problem der Polarisation eines Polygons der h. E. kurz berühren. Wie bekannt, ist in der sphärischen Ebene jedem Vieleck ein gewisses anderes, zu ihm polares, zugeordnet; es wird aus jenem nach der elementaren Definition erhalten, indem man als seine Seiten bzw. Winkel die Supplemente der entsprechenden Winkel bzw. Seiten des gegebenen nimmt. Wenn also α den Winkel, a die ihm entsprechende Seite bedeutet, so gilt die Beziehung $\alpha + a = \pi$. Die analoge Relation in der h. E. lautet $\alpha + ia = \pi$, woraus folgt, daß von zwei polaren Vielecken der h. E. das eine immer reell, das andere imaginär wird.

Auf Grund dieser letzten Gleichung kann man sehr leicht die Formeln der polaren Figur z. B. eines Dreiecks $(a, b, c, \lambda, \mu, \nu)$ erhalten. Dabei stellt man fest, daß die Formeln des polaren Dreiecks $(l, m, n, \alpha, \beta, \gamma)$ äquivalent mit denjenigen des ursprünglichen erscheinen. Überhaupt werden die Formeln für jedes G_n^0 als Ganzes durch die Polarisation reproduziert. Durch diesen Umstand wird freilich die Aufstellung des Formelsystems der jedesmaligen Grundfigur G_n^0 wesentlich vereinfacht: man braucht nur jede soeben gewonnene Formel sofort zu polarisieren um eine neue oder wenigstens dieselbe zu erhalten.

Schließlich soll noch hervorgehoben werden, daß die Formeln für gewisse (nicht alle!) G_n^r der h. E. sich sehr bequem in die sphärische Ebene übertragen lassen, indem man die h. E. als eine Kugelfläche mit imaginärem Halbmesser auffaßt.

6. Das Wesen der komplementären Figuren der h. E. besteht in der eineindeutigen Zuordnung ihrer Stücke, so daß gewisse

Paare zugeordneter Seiten als Paare komplementärer Strecken, zugeordnete Seiten und Winkel aber als Distanz und der zugehörige Parallelwinkel erscheinen. Auf Grund dieser Beziehungen gelten dann die Formeln, die für eine der beiden komplementären Figuren gültig sind, auch für die andere.

In der ersten Zeile unserer Tafel stehen drei komplementären Figuren; für das Paar G_3^1, G_4^3 ist dies wohl eine allgemein bekannte Sache [9]), während für G_3^1, G_5^5 es vielleicht weniger bekannt dennoch völlig bewährt ist [10]). Auch für das Paar G_3^0, G_5^4 hat Herr Roeser die komplementäre Verwandschaft nachgewiesen, für das Paar G_3^0, G_6^6 wollte es ihm jedoch nicht gelingen. Diesen Fall, wie auch alle sonstigen mißlingenden Fälle, kann man jedoch beherrschen, indem man anstatt der komplementären eine andere Verwandtschaft einführt, die wir vorwegnehmend als Antiorthogonalisation (2. Art) bezeichnen wollen. Sie besteht, wie ihr Name genügend andeutet, einfach darin, daß man die Substitutionen der Orthogonalisation zweiter Art in umgekehrter Reihenfolge ausführt. So kann man z. B. die eine der drei Formeln, die für das $G_6^6(a, b, c, l, m, n)$ gelten, etwa die Gleichung $ch\,l = -ch\,m\,ch\,n + sh\,m\,sh\,n\,ch\,a$ in die Formel $\cos\lambda = -\cos\mu\cos\nu + \sin\mu\sin\nu\,ch\,a$ für das $G_3^0(a, b, c, \lambda, \mu, \nu)$ überführen, ein Übergang, der vom Standpunkte der komplementären Figuren unmöglich erscheint, wie dies Herr Roeser in der unter [8]) genannten Arbeit richtig hervorhebt.

Der Nutzen, welchen die Antiorthogonalisation uns leistet, liegt auf der Hand: es genügt immer nur für ein G_n^n die Formeln aufzustellen, diejenigen für alle in der Tafel vorangehenden Polygone gewinnt man dann eben mittels der genannten Operation. Die Formeln für ein Vollorthogon findet man aber gewiß leichter als diejenigen für das zugehörige G_n^0, da sie einfacher und nicht so zahlreich sind. Nachdem man so die Formeln für das betreffende Vollorthogon aufgestellt hat, wird unsere Operation ausgeführt nach dem Schema: Zuerst werden die Seiten und Winkel beider Vielecke in geeigneter Weise gepaart, sodann beachtet man, welche Seiten zweimal, nur einmal oder überhaupt nicht antiorthogonalisiert werden um danach die bezüglichen Substitutionen berechnen zu können.

---

[9]) Vgl. z. B. das Buch: H. Liebmann, Nichteuklidische Geometrie, 1923, § 10.

[10]) Vgl. die unter [8]) erwähnte Arbeit.

Freilich ordnet sich auch der Übergang $G_5^5 \to G_4^3 \to G_3^1$ bzw. $G_5^4 \to G_3^0$ dem beschriebenen Verfahren unter: die Komplementarisation ist subsummiert in der Antiorthogonalisation.

Nur anhangsweise soll noch erwähnt werden, daß ein regelmäßiges Vollorthogon mit vorgeschriebener Seitenanzahl n der Größe nach vollständig bestimmt ist. Seine Seite a wird nach der Gleichung $ch\frac{a}{2} = \sqrt{2}\cos\frac{\pi}{n}$ berechnet. Auch sieht man sehr leicht die Möglichkeit einer Täfelung der h. E. ein, die aus lauter regelmäßigen Vollorthogonen mit der gleichen Seitenanzahl besteht. In jedem Knotenpunkte stoßen je vier solche Orthogone aneinander.

5. BAER, REINHOLD. Über die Zerlegungen einer Mischgruppe nach einer Untermischgruppe. Reichsmark 1.50
6. ROESER, ERNST. Komplementäre Körper der beiden nichteuklidischen Geometrien. Reichsmark 1.—
7. KRULL, WOLFGANG. Primidealketten in allgemeinen Ringbereichen. Rm. 1.10
8. SALOMON, WILHELM. Geol. Beobachtungen des Leonardo da Vinci. Rm. 0.90
9. LIEBMANN, HEINRICH. Die Sätze von Lie und Gambier über Kurven eines Linienkomplexes. Reichsmark 0.90
10. MERZ, K. W. Über den Wirkungsantagonismus von Blutkörperchen und Serum bei chemisch faßbaren biologischen Vorgängen. Reichsmark 1.20
11. MÜHLBACH, R. Über Raumkurven in der Möbiusschen Geometrie. Rm. 1.20
12. ERNST, PAUL. Wurzeln der Medizin. Reichsmark 1.50
13. MAYER, ADOLF. Naturwissenschaftliche Apologetik des Christentums. Rm. 1.60
14. BAER, REINHOLD. Beiträge zur Galoisschen Theorie. Reichsmark 1.80
15. SALOMON, WILHELM. Neue geologische Beobachtungen im Baitonegebiet des Adamello. Reichsmark 0.90
16. ERDMANNSDÖRFFER, O. H. Über Disthen-Andalusitparagenesen. Rm. 1.20
17. SCHNEIDT, MAX. Kurvennetze ohne Umwege. Reichsmark 1.30
18. BOPP, K. J. H. Lamberts und A. G. Kaestners Briefe, aus den Gothaer Manuskripten herausgegeben. Reichsmark 2.20
19. FREUDENBERG, K. Zur Kenntnis des Fichtenholz-Lignins. Reichsmark 1.10

Jahrgang 1929. 1. VOLK, OTTO. Über Flächen mit geodätischen Dreiecksnetzen. Reichsmark 2.50
2. SCHMIDT, F. K., KRULL, W., BREUER, S. Beiträge zur Algebra. Nr. 11—13. Reichsmark 1.80
3. HIEBER, W. Zur Kenntnis der chemischen Reaktionen des Eisencarbonyls. Reichsmark 0.90
4. SALOMON, WILHELM. Gletscherbeobachtungen am Vadret Lischanna (Unterengadin). Reichsmark 1.—
5. SALOMON, WILHELM. Arktische Bodenformen in den Alpen. Reichsm. 2.50
6. MÜLLER, MAX. Über die Greensche Funktion des Laplaceschen Differentialausdruckes. Reichsmark 1.50
7. RÜGER, L. Machairodus latidens Owen aus den altdiluvialen Sanden von Mauer a. d. Elsenz. Reichsmark 0.90
8. LENARD, P. Über Energie und Gravitation. Reichsmark 1.90
9. DEECKE, W. Zur Entstehung der Kare. Reichsmark 0.80
10. ROESER, E. Neue Sätze über sphärische und hyperbolische Fünfecke. Reichsmark 1.—
11. BALDUS, R. Über Eulers Dreieckssatz in der absoluten Geometrie. Rm. 1.—
12. TRAUTZ, M. Die Reibung, Wärmeleitung und Diffusion in Gasmischungen. II. Reichsmark 2.80
13. SANDER, B., u. FELKEL, E. Zur tektonischen Analyse von Schmelztektoniten. Reichsmark 2.50
14. SCHOLZ, ARNOLD. Beiträge zur Algebra. Nr. 14. Reichsmark 1.20
15. BAER, REINHOLD. Beziehungen zwischen den Grundbegriffen der Topologie. Reichsmark 1.60
16. HERBST, CURT. Untersuchungen zur Bestimmung des Geschlechts. Weitere Experimente über die Vermännlichung indifferenter Bonellia-Larven durch künstliche Mittel. Reichsmark 3.—
17. ERDMANNSDÖRFFER, O. H. Über Alkalihornblenden aus dem Radautal. Reichsmark 0.80
18. GRUBER, FRIEDRICH. Neuer Beweis des Transversalensatzes in der absoluten Geometrie. Reichsmark 0.80
19. ROSENTHAL, A. Über die Existenz der Lösungen von Systemen gewöhnlicher Differentialgleichungen. Reichsmark 1.20

Jahrgang 1930. 1. GOTTFRIED, C. Über kontaktmetamorphe Gesteine des Baitonegebietes in der Adamellogruppe (Italien). Reichsmark 1.—
2. RÜGER, L. Über einen Granulit mit „Sekundärschieferung" von Auerswalde i. S. Reichsmark 1.50
3. Beiträge zur Algebra Nr. 15—17: a) KAPFERER, HEINR. Über Schnittpunktsysteme mit vorgeschriebenen Multiplizitätszahlen. b) KAPFERER, HEINR.

Eine idealtheoretische Lösung des Cramerschen Paradoxons, die jeden singularen Fall umfaßt. c) SCHOLZ, ARNOLD. Über das Verhältnis von Idealklassen und Einheitengruppen in Abelschen Körpern von Primzahlpotenzgrad. Reichsmark 3.20

4. KINZL, HANS. Flußgeschichtliche und geomorphologische Untersuchungen über die Feldaistsenke im oberösterreichischen Mühlviertel und die angrenzenden Teile Südböhmens. Reichsmark 3.20
5. BALDUS, RICHARD. Zur Axiomatik der Geometrie III. Über das Archimedische und das Cantorsche Axiom. Reichsmark 0.80
6. SALOMON-CALVI, WILHELM. Epeirophorese. Teil I. Reichsmark 1.40
7. WELLSTEIN, JULIUS. Zur Klassifikation der regulären Scharen quadratischer Formen. Reichsmark 1.—
8. BETTMANN. Über Modellierungen des Gefäßendabschnittes. Reichsmark 2. —
9. ROESER, ERNST. Sphärische und hyperbolische Vielecke. Reichsmark 1.65
10. KAUFMANN, BORIS. Über die Ränderzuordnung bei topologischen Abbildungen in der Ebene und im Raume. Reichsmark 1.65
11. SCHEFFEN, WALTHER. Pseudopemphix Fritschii Wüst, Lithogaster tiefenbachensis Assm. und Pemphix Sueurii Desm. Reichsmark 3.20
12. VOELCKER, ILSE. Felis issiodorensis Croizet von Mauer a. d. E. Rm. 1.40
13. SALOMON-CALVI, WILHELM. Epeirophorese. Teil II. Geodätische Beweise. Reichsmark 1.—
14. FREUDENBERG, KARL. Kritik an der Berechnung des optischen Drehungsvermögens von Zuckern. Reichsmark 1.—
15. JÄNECKE, ERNST. Über das reguläre vierdimensionale Fünfzell. Rm. 3.—
16. BOEHM, KARL. Über lineare Differentialgleichungen mit konstanten Koeffizienten und einer Störungsfunktion. Reichsmark 1.80
17. KAMKE, E. Über die eindeutige Bestimmtheit der Integrale von Differentialgleichungen II. Reichsmark 1.70

Jahrgang 1931. 1. PFANNENSTIEHL, MAX. Die Fauna der Kirchberger Schichten von Lohn am Randen. Reichsmark 2.75

2. SALOMON-CALVI, WILH. Radium-reiche Erdölsolen und das Problem der Herkunft ihres Radiums. Reichsmark 2.—
3. VOELCKER, J. Hippopotamus amphibius von Mauer a. d. Elsenz. Rm. 1.60
4. ERDMANNSDÖRFFER, O. H. Über Zoisitoligoklaspegmatit und seine Beziehung zu anorthositischen Magmen. Reichsmark 1.85
5. SCHMIDT, ARNOLD. Die Stetigkeit in der absoluten Geometrie. Reichsmark 1.80
6. KAUFMANN, BORIS. Parameterkurven ohne Halbtangenten. Reichsmark 1.90
7. HELLPACH, WILLY. Dritte Mitteilung zur Statik und Dynamik der deutschen Stammesphysiognomie. Reichsmark 2.20
8. SALOMON-CALVI, WILH. Epeirophorese. Teil III. Die vordiluvialen Eiszeiten. A. Die Eiszeiten des Tertiärs und Mesozoikums. Reichsmark 3.—
9. FREUDENBERG, KARL. Bemerkungen zur Stereochemie. Mit einem Anhang: Synthesen von Derivaten aktiver Aminosäuren. Reichsmark 2.20
10. MEHMKE, R. Über ein Gegenstück zum Eulerschen Satz vom ebenen Dreieck und zu dessen Verwandten im Raum und in höheren Räumen in der hyperbolischen Geometrie. Reichsmark 1.65
11. WEILER, W. Revision der Fischfauna des Septarientones von Wiesloch bei Heidelberg. Reichsmark 2.20

Jahrgang 1932. 1. SÖLCH, JOHANN. Der Rückzug der letzten Vergletscherung. Eine vergleichende Betrachtung. Reichsmark 2.50*

3. ROESER, ERNST. Über die nichteuklidischen regulären Polyeder. Reichsmark 2.—*
4. CESAREC, R. Über die Berechnung von Orthogonen der hyperbolischen Ebene. Reichsmark 2.20*

* *Subskriptionspreis. Bei Einzelbezug 20% Aufschlag.*

WALTER DE GRUYTER & CO., BERLIN W 10 UND LEIPZIG

Papier | Fördert gute Waldnutzung
FSC® C083411

Zeitfracht Medien GmbH
Ferdinand-Jühlke-Straße 7
99095 Erfurt, Deutschland
produktsicherheit@kolibri360.de